U0192518

猫G———

著

猫咪的时间旅行

电子工业出版社

Publishing House of Electronics Industry

北京·BEIJING

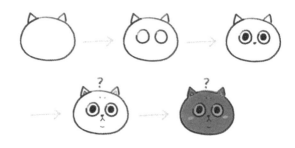

JANUARY 1

1	2	3	4	5	6	7
8	9	10	11	12	13	14
15	16	17	18	19	20	21
22	23	24	25	26	27	28
29	30	31				

FEBRUARY 2

1	2	3	4	5	6	7
8	9	10	11	12	13	14
15	16	17	18	19	20	21
22	23	24	25	26	27	28
29	30	31				

MARCH 3

1	2	3	4	5	6	7
8	9	10	11	12	13	14
15	16	17	18	19	20	21
22	23	24	25	26	27	28
29	30	31				

APRIL 4

1	2	3	4	5	6	7
8	9	10	11	12	13	14
15	16	17	18	19	20	21
22	23	24	25	26	27	28
29	30	31				

MAY 5

1	2	3	4	5	6	7
8	9	10	11	12	13	14
15	16	17	18	19	20	21
22	23	24	25	26	27	28
29	30	31				

JUNE 6

1	2	3	4	5	6	7
8	9	10	11	12	13	14
15	16	17	18	19	20	21
22	23	24	25	26	27	28
29	30	31				

JULY 7

1	2	3	4	5	6	7
8	9	10	11	12	13	14
15	16	17	18	19	20	21
22	23	24	25	26	27	28
29	30	31				

AUGUST 8

1	2	3	4	5	6	7
8	9	10	11	12	13	14
15	16	17	18	19	20	21
22	23	24	25	26	27	28
29	30	31				

SEPTEMBER 9

1	2	3	4	5	6	7
8	9	10	11	12	13	14
15	16	17	18	19	20	21
22	23	24	25	26	27	28
29	30	31				

OCTOBER 10

1	2	3	4	5	6	7
8	9	10	11	12	13	14
15	16	17	18	19	20	21
22	23	24	25	26	27	28
29	30	31				

NOVEMBER 11

1	2	3	4	5	6	7
8	9	10	11	12	13	14
15	16	17	18	19	20	21
22	23	24	25	26	27	28
29	30	31				

DECEMBER 12

1	2	3	4	5	6	7
8	9	10	11	12	13	14
15	16	17	18	19	20	21
22	23	24	25	26	27	28
29	30	31				

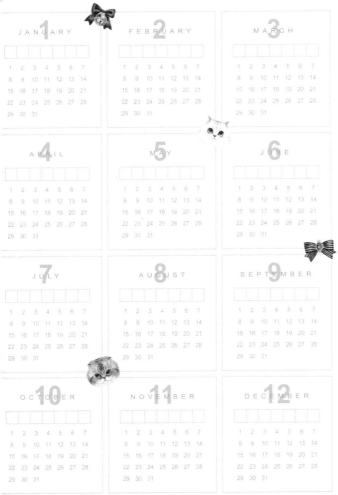

JANUARY 1

1	2	3	4	5	6	7
8	9	10	11	12	13	14
15	16	17	18	19	20	21
22	23	24	25	26	27	28
29	30	31				

FEBRUARY 2

1	2	3	4	5	6	7
8	9	10	11	12	13	14
15	16	17	18	19	20	21
22	23	24	25	26	27	28
29	30	31				

MARCH 3

1	2	3	4	5	6	7
8	9	10	11	12	13	14
15	16	17	18	19	20	21
22	23	24	25	26	27	28
29	30	31				

APRIL 4

1	2	3	4	5	6	7
8	9	10	11	12	13	14
15	16	17	18	19	20	21
22	23	24	25	26	27	28
29	30	31				

MAY 5

1	2	3	4	5	6	7
8	9	10	11	12	13	14
15	16	17	18	19	20	21
22	23	24	25	26	27	28
29	30	31				

JUNE 6

1	2	3	4	5	6	7
8	9	10	11	12	13	14
15	16	17	18	19	20	21
22	23	24	25	26	27	28
29	30	31				

JULY 7

1	2	3	4	5	6	7
8	9	10	11	12	13	14
15	16	17	18	19	20	21
22	23	24	25	26	27	28
29	30	31				

AUGUST 8

1	2	3	4	5	6	7
8	9	10	11	12	13	14
15	16	17	18	19	20	21
22	23	24	25	26	27	28
29	30	31				

SEPTEMBER 9

1	2	3	4	5	6	7
8	9	10	11	12	13	14
15	16	17	18	19	20	21
22	23	24	25	26	27	28
29	30					

OCTOBER 10

1	2	3	4	5	6	7
8	9	10	11	12	13	14
15	16	17	18	19	20	21
22	23	24	25	26	27	28
29	30	31				

NOVEMBER 11

1	2	3	4	5	6	7
8	9	10	11	12	13	14
15	16	17	18	19	20	21
22	23	24	25	26	27	28
29	30					

DECEMBER 12

1	2	3	4	5	6	7
8	9	10	11	12	13	14
15	16	17	18	19	20	21
22	23	24	25	26	27	28
29	30	31				

JANUARY **1**

1	2	3	4	5	6	7
8	9	10	11	12	13	14
15	16	17	18	19	20	21
22	23	24	25	26	27	28
29	30	31

FEBRUARY **2**

1	2	3	4	5	6	7
8	9	10	11	12	13	14
15	16	17	18	19	20	21
22	23	24	25	26	27	28
29	30	31

MARCH **3**

1	2	3	4	5	6	7
8	9	10	11	12	13	14
15	16	17	18	19	20	21
22	23	24	25	26	27	28
29	30	31

APRIL **4**

1	2	3	4	5	6	7
8	9	10	11	12	13	14
15	16	17	18	19	20	21
22	23	24	25	26	27	28
29	30	31

MAY **5**

1	2	3	4	5	6	7
8	9	10	11	12	13	14
15	16	17	18	19	20	21
22	23	24	25	26	27	28
29	30	31

JUNE **6**

1	2	3	4	5	6	7
8	9	10	11	12	13	14
15	16	17	18	19	20	21
22	23	24	25	26	27	28
29	30	31

JULY **7**

1	2	3	4	5	6	7
8	9	10	11	12	13	14
15	16	17	18	19	20	21
22	23	24	25	26	27	28
29	30	31

AUGUST **8**

1	2	3	4	5	6	7
8	9	10	11	12	13	14
15	16	17	18	19	20	21
22	23	24	25	26	27	28
29	30	31

SEPTEMBER **9**

1	2	3	4	5	6	7
8	9	10	11	12	13	14
15	16	17	18	19	20	21
22	23	24	25	26	27	28
29	30	31

OCTOBER **10**

1	2	3	4	5	6	7
8	9	10	11	12	13	14
15	16	17	18	19	20	21
22	23	24	25	26	27	28
29	30	31

NOVEMBER **11**

1	2	3	4	5	6	7
8	9	10	11	12	13	14
15	16	17	18	19	20	21
22	23	24	25	26	27	28
29	30	31

DECEMBER **12**

1	2	3	4	5	6	7
8	9	10	11	12	13	14
15	16	17	18	19	20	21
22	23	24	25	26	27	28
29	30	31

JANUARY 1

1	2	3	4	5	6	7
8	9	10	11	12	13	14
15	16	17	18	19	20	21
22	23	24	25	26	27	28
29	30	31				

FEBRUARY 2

1	2	3	4	5	6	7
8	9	10	11	12	13	14
15	16	17	18	19	20	21
22	23	24	25	26	27	28
29	30	31				

MARCH 3

1	2	3	4	5	6	7
8	9	10	11	12	13	14
15	16	17	18	19	20	21
22	23	24	25	26	27	28
29	30	31				

APRIL 4

1	2	3	4	5	6	7
8	9	10	11	12	13	14
15	16	17	18	19	20	21
22	23	24	25	26	27	28
29	30	31				

MAY 5

1	2	3	4	5	6	7
8	9	10	11	12	13	14
15	16	17	18	19	20	21
22	23	24	25	26	27	28
29	30	31				

JUNE 6

1	2	3	4	5	6	7
8	9	10	11	12	13	14
15	16	17	18	19	20	21
22	23	24	25	26	27	28
29	30	31				

JULY 7

1	2	3	4	5	6	7
8	9	10	11	12	13	14
15	16	17	18	19	20	21
22	23	24	25	26	27	28
29	30	31				

AUGUST 8

1	2	3	4	5	6	7
8	9	10	11	12	13	14
15	16	17	18	19	20	21
22	23	24	25	26	27	28
29	30	31				

SEPTEMBER 9

1	2	3	4	5	6	7
8	9	10	11	12	13	14
15	16	17	18	19	20	21
22	23	24	25	26	27	28
29	30	31				

OCTOBER 10

1	2	3	4	5	6	7
8	9	10	11	12	13	14
15	16	17	18	19	20	21
22	23	24	25	26	27	28
29	30	31				

NOVEMBER 11

1	2	3	4	5	6	7
8	9	10	11	12	13	14
15	16	17	18	19	20	21
22	23	24	25	26	27	28
29	30	31				

DECEMBER 12

1	2	3	4	5	6	7
8	9	10	11	12	13	14
15	16	17	18	19	20	21
22	23	24	25	26	27	28
29	30	31				

1	1
2	2
3	3
4	4
5	5
6	6
7	7
8	8
9	9
10	10
11	11
12	12
13	13
14	14
15	15
16	16
17	17
18	18
19	19
20	20
21	21
22	22
23	23
24	24
25	25
26	26
27	27
28	28
29	29
30	30
31	31

MEMO

1	1
2	2
3	3
4	4
5	5
6	6
7	7
8	8
9	9
10	10
11	11
12	12
13	13
14	14
15	15
16	16
17	17
18	18
19	19
20	20
21	21
22	22
23	23
24	24
25	25
26	26
27	27
28	28
29	29
30	30
31	31

MEMO

1	1
2	2
3	3
4	4
5	5
6	6
7	7
8	8
9	9
10	10
11	11
12	12
13	13
14	14
15	15
16	16
17	17
18	18
19	19
20	20
21	21
22	22
23	23
24	24
25	25
26	26
27	27
28	28
29	29
30	30
31	31

MEMO

1	1
2	2
3	3
4	4
5	5
6	6
7	7
8	8
9	9
10	10
11	11
12	12
13	13
14	14
15	15
16	16
17	17
18	18
19	19
20	20
21	21
22	22
23	23
24	24
25	25
26	26
27	27
28	28
29	29
30	30
31	31

MEMO

MONTHLY PLAN 月计划

MONDAY	TUESDAY	WEDNESDAY	THURSDAY

FRIDAY	SATURDAY	SUNDAY	MEMO

MONDAY	TUESDAY	WEDNESDAY	THURSDAY

FRIDAY	SATURDAY	SUNDAY	MEMO

MONDAY	TUESDAY	WEDNESDAY	THURSDAY

FRIDAY	SATURDAY	SUNDAY	MEMO

MONDAY	TUESDAY	WEDNESDAY	THURSDAY

FRIDAY	SATURDAY	SUNDAY	MEMO

MONDAY	TUESDAY	WEDNESDAY	THURSDAY

FRIDAY	SATURDAY	SUNDAY	MEMO

MONDAY	TUESDAY	WEDNESDAY	THURSDAY

FRIDAY	SATURDAY	SUNDAY	MEMO

MONDAY	TUESDAY	WEDNESDAY	THURSDAY

1 2 3 4 5 6 7 8 9 10 11 12

FRIDAY	SATURDAY	SUNDAY	MEMO

MONDAY	TUESDAY	WEDNESDAY	THURSDAY

FRIDAY	SATURDAY	SUNDAY	MEMO

MONDAY	TUESDAY	WEDNESDAY	THURSDAY

FRIDAY	SATURDAY	SUNDAY	MEMO

MONDAY	TUESDAY	WEDNESDAY	THURSDAY

FRIDAY	SATURDAY	SUNDAY	MEMO

MONDAY	TUESDAY	WEDNESDAY	THURSDAY

FRIDAY	SATURDAY	SUNDAY	MEMO

MONDAY	TUESDAY	WEDNESDAY	THURSDAY

1 2 3 4 5 6 7 8 9 10 11 12

FRIDAY	SATURDAY	SUNDAY	MEMO

MONDAY	TUESDAY	WEDNESDAY	THURSDAY
0	0	0	
1	1	1	
2	2	2	
3	3	3	
4	4	4	
5	5	5	
6	6	6	
7	7	7	
8	8	8	
9	9	9	
10	10	10	
11	11	11	
12	12	12	
13	13	13	
14	14	14	
15	15	15	
16	16	16	
17	17	17	
18	18	18	
19	19	19	
20	20	20	
21	21	21	
22	22	22	
23	23	23	
24	24	24	

FRIDAY	SATURDAY	SUNDAY	MEMO
	0	0	
	1	1	
	2	2	
	3	3	
	4	4	
	5	5	
	6	6	
	7	7	
	8	8	
	9	9	
	10	10	
	11	11	
	12	12	
	13	13	
	14	14	
	15	15	
	16	16	
	17	17	
	18	18	
	19	19	
	20	20	
	21	21	
	22	22	
	23	23	
	24	24	

MONDAY	TUESDAY	WEDNESDAY	THURSDAY
0	0	0	
1	1	1	
2	2	2	
3	3	3	
4	4	4	
5	5	5	
6	6	6	
7	7	7	
8	8	8	
9	9	9	
10	10	10	
11	11	11	
12	12	12	
13	13	13	
14	14	14	
15	15	15	
16	16	16	
17	17	17	
18	18	18	
19	19	19	
20	20	20	
21	21	21	
22	22	22	
23	23	23	
24	24	24	

FRIDAY	SATURDAY	SUNDAY	MEMO
	0	0	
	1	1	
	2	2	
	3	3	
	4	4	
	5	5	
	6	6	
	7	7	
	8	8	
	9	9	
	10	10	
	11	11	
	12	12	
	13	13	
	14	14	
	15	15	
	16	16	
	17	17	
	18	18	
	19	19	
	20	20	
	21	21	
	22	22	
	23	23	
	24	24	

MONDAY	TUESDAY	WEDNESDAY	THURSDAY
	0	0	0
	1	1	1
	2	2	2
	3	3	3
	4	4	4
	5	5	5
	6	6	6
	7	7	7
	8	8	8
	9	9	9
	10	10	10
	11	11	11
	12	12	12
	13	13	13
	14	14	14
	15	15	15
	16	16	16
	17	17	17
	18	18	18
	19	19	19
	20	20	20
	21	21	21
	22	22	22
	23	23	23
	24	24	24

FRIDAY	SATURDAY	SUNDAY	MEMO
	0	0	
	1	1	
	2	2	
	3	3	
	4	4	
	5	5	
	6	6	
	7	7	
	8	8	
	9	9	
	10	10	
	11	11	
	12	12	
	13	13	
	14	14	
	15	15	
	16	16	
	17	17	
	18	18	
	19	19	
	20	20	
	21	21	
	22	22	
	23	23	
	24	24	

MONDAY	TUESDAY	WEDNESDAY	THURSDAY
0	0	0	
1	1	1	
2	2	2	
3	3	3	
4	4	4	
5	5	5	
6	6	6	
7	7	7	
8	8	8	
9	9	9	
10	10	10	
11	11	11	
12	12	12	
13	13	13	
14	14	14	
15	15	15	
16	16	16	
17	17	17	
18	18	18	
19	19	19	
20	20	20	
21	21	21	
22	22	22	
23	23	23	
24	24	24	

FRIDAY	SATURDAY	SUNDAY	MEMO
	0	0	
	1	1	
	2	2	
	3	3	
	4	4	
	5	5	
	6	6	
	7	7	
	8	8	
	9	9	
	10	10	
	11	11	
	12	12	
	13	13	
	14	14	
	15	15	
	16	16	
	17	17	
	18	18	
	19	19	
	20	20	
	21	21	
	22	22	
	23	23	
	24	24	

WEEKLY PLAN 周计划

MONDAY	TUESDAY	WEDNESDAY	THURSDAY
0	0		0
1	1		1
2	2		2
3	3		3
4	4		4
5	5		5
6	6		6
7	7		7
8	8		8
9	9		9
10	10		10
11	11		11
12	12		12
13	13		13
14	14		14
15	15		15
16	16		16
17	17		17
18	18		18
19	19	19	19
20	20	20	20
21	21	21	21
22	22	22	22
23	23	23	23
24	24	24	24

FRIDAY	SATURDAY	SUNDAY	MEMO
	0	0	
	1	1	
	2	2	
	3	3	
	4	4	
	5	5	
	6	6	
	7	7	
	8	8	
	9	9	
	10	10	
	11	11	
	12	12	
	13	13	
	14	14	
	15	15	
	16	16	
	17	17	
	18	18	
	19	19	
	20	20	
	21	21	
	22	22	
	23	23	
	24	24	

MONDAY	TUESDAY	WEDNESDAY	THURSDAY
0	0	0	
1	1	1	
2	2	2	
3	3	3	
4	4	4	
5	5	5	
6	6	6	
7	7	7	
8	8	8	
9	9	9	
10	10	10	
11	11	11	
12	12	12	
13	13	13	
14	14	14	
15	15	15	
16	16	16	
17	17	17	
18	18	18	
19	19	19	
20	20	20	
21	21	21	
22	22	22	
23	23	23	
24	24	24	

FRIDAY	SATURDAY	SUNDAY	MEMO
0	0		
1	1		
2	2		
3	3		
4	4		
5	5		
6	6		
7	7		
8	8		
9	9		
10	10		
11	11		
12	12		
13	13		
14	14		
15	15		
16	16		
17	17		
18	18		
19	19		
20	20		
21	21		
22	22		
23	23		
24	24		

WEEKLY PLAN 周计划

MONDAY	TUESDAY	WEDNESDAY	THURSDAY
0	0	0	
1	1	1	
2	2	2	
3	3	3	
4	4	4	
5	5	5	
6	6	6	
7	7	7	
8	8	8	
9	9	9	
10	10	10	
11	11	11	
12	12	12	
13	13	13	
14	14	14	
15	15	15	
16	16	16	
17	17	17	
18	18	18	
19	19	19	
20	20	20	
21	21	21	
22	22	22	
23	23	23	
24	24	24	

FRIDAY	SATURDAY	SUNDAY	MEMO
	0	0	
	1	1	
	2	2	
	3	3	
	4	4	
	5	5	
	6	6	
	7	7	
	8	8	
	9	9	
	10	10	
	11	11	
	12	12	
	13	13	
	14	14	
	15	15	
	16	16	
	17	17	
	18	18	
	19	19	
	20	20	
	21	21	
	22	22	
	23	23	
	24	24	

WEEKLY PLAN 周计划

MONDAY	TUESDAY	WEDNESDAY	THURSDAY
0	0	0	
1	1	1	
2	2	2	
3	3	3	
4	4	4	
5	5	5	
6	6	6	
7	7	7	
8	8	8	
9	9	9	
10	10	10	
11	11	11	
12	12	12	
13	13	13	
14	14	14	
15	15	15	
16	16	16	
17	17	17	
18	18	18	
19	19	19	
20	20	20	
21	21	21	
22	22	22	
23	23	23	
24	24	24	

FRIDAY	SATURDAY	SUNDAY	MEMO
0	0		
1	1		
2	2		
3	3		
4	4		
5	5		
6	6		
7	7		
8	8		
9	9		
10	10		
11	11		
12	12		
13	13		
14	14		
15	15		
16	16		
17	17		
18	18		
19	19		
20	20		
21	21		
22	22		
23	23		
24	24		

MONDAY	TUESDAY	WEDNESDAY	THURSDAY
0	0		0
1	1		1
2	2		2
3	3		3
4	4		4
5	5		5
6	6		6
7	7		7
8	8		8
9	9		9
10	10		10
11	11		11
12	12		12
13	13		13
14	14		14
15	15		15
16	16		16
17	17		17
18	18		18
19	19	19	19
20	20	20	20
21	21	21	21
22	22	22	22
23	23	23	23
24	24	24	24

FRIDAY	SATURDAY	SUNDAY	MEMO
	0	0	
	1	1	
	2	2	
	3	3	
	4	4	
	5	5	
	6	6	
	7	7	
	8	8	
	9	9	
	10	10	
	11	11	
	12	12	
	13	13	
	14	14	
	15	15	
	16	16	
	17	17	
	18	18	
	19	19	
	20	20	
	21	21	
	22	22	
	23	23	
	24	24	

MONDAY	TUESDAY	WEDNESDAY	THURSDAY
0	0	0	
1	1	1	
2	2	2	
3	3	3	
4	4	4	
5	5	5	
6	6	6	
7	7	7	
8	8	8	
9	9	9	
10	10	10	
11	11	11	
12	12	12	
13	13	13	
14	14	14	
15	15	15	
16	16	16	
17	17	17	
18	18	18	
19	19	19	
20	20	20	
21	21	21	
22	22	22	
23	23	23	
24	24	24	

FRIDAY	SATURDAY	SUNDAY	MEMO
	0	0	
	1	1	
	2	2	
	3	3	
	4	4	
	5	5	
	6	6	
	7	7	
	8	8	
	9	9	
	10	10	
	11	11	
	12	12	
	13	13	
	14	14	
	15	15	
	16	16	
	17	17	
	18	18	
	19	19	
	20	20	
	21	21	
	22	22	
	23	23	
	24	24	

MONDAY	TUESDAY	WEDNESDAY	THURSDAY
	0	0	0
	1	1	1
	2	2	2
	3	3	3
	4	4	4
	5	5	5
	6	6	6
		7	7
	8	8	8
	9	9	9
	10	10	10
	11	11	11
	12	12	12
	13	13	13
	14	14	14
	15	15	15
	16	16	16
	17	17	17
	18	18	18
	19	19	19
	20	20	20
	21	21	21
	22	22	22
	23	23	23
	24	24	24

FRIDAY	SATURDAY	SUNDAY	MEMO
	0	0	
	1	1	
	2	2	
	3	3	
	4	4	
	5	5	
	6	6	
		7	
	8	8	
	9	9	
	10	10	
	11	11	
	12	12	
	13	13	
	14	14	
	15	15	
	16	16	
	17	17	
	18	18	
	19	19	
	20	20	
	21	21	
	22	22	
	23	23	
	24	24	

MONDAY	TUESDAY	WEDNESDAY	THURSDAY
0	0	0	
1	1	1	
2	2	2	
3	3	3	
4	4	4	
5	5	5	
	6	6	
	7	7	
8	8	8	
	9	9	
10	10	10	
11	11	11	
12	12	12	
13	13	13	
14	14	14	
15	15	15	
16	16	16	
17	17	17	
18	18	18	
19	19	19	
20	20	20	
21	21	21	
22	22	22	
23	23	23	
24	24	24	

FRIDAY	SATURDAY	SUNDAY	MEMO

	1	1	
	2	2	
	3	3	
	4	4	
	5	5	
	6	6	
	7	7	
	8	8	
	9	9	
	10	10	
	11	11	
	12	12	
	13	13	
	14	14	
	15	15	
	16	16	
	17	17	
	18	18	
	19	19	
	20	20	
	21	21	
	22	22	
	23	23	
	24	24	

MONDAY	TUESDAY	WEDNESDAY	THURSDAY
	0	0	0
	1	1	1
	2	2	2
	3	3	3
	4	4	4
	5	5	5
	6	6	6
	7	7	7
	8	8	8
	9	9	9
	10	10	10
	11	11	11
	12	12	12
	13	13	13
	14	14	14
	15	15	15
	16	16	16
	17	17	17
	18	18	18
	19	19	19
	20	20	20
	21	21	21
	22	22	22
	23	23	23
	24	24	24

FRIDAY	SATURDAY	SUNDAY	MEMO
	0	0	
	1	1	
	2	2	
	3	3	
	4	4	
	5	5	
	6	6	
	7	7	
	8	8	
	9	9	
	10	10	
	11	11	
	12	12	
	13	13	
	14	14	
	15	15	
	16	16	
	17	17	
	18	18	
	19	19	
	20	20	
	21	21	
	22	22	
	23	23	
	24	24	

MONDAY	TUESDAY	WEDNESDAY	THURSDAY
	0	0	0
	1	1	1
	2	2	2
	3	3	3
	4	4	4
	5	5	5
	6	6	6
	7	7	7
	8	8	8
	9	9	9
	10	10	10
	11	11	11
	12	12	12
	13	13	13
	14	14	14
	15	15	15
	16	16	16
	17	17	17
	18	18	18
	19	19	19
	20	20	20
	21	21	21
	22	22	22
	23	23	23
	24	24	24

FRIDAY	SATURDAY	SUNDAY	MEMO
	0	0	
	1	1	
	2	2	
	3	3	
	4	4	
	5	5	
	6	6	
	7	7	
	8	8	
	9	9	
	10	10	
	11	11	
	12	12	
	13	13	
	14	14	
	15	15	
	16	16	
	17	17	
	18	18	
	19	19	
	20	20	
	21	21	
	22	22	
	23	23	
	24	24	

MONDAY	TUESDAY	WEDNESDAY	THURSDAY
	0	0	0
	1	1	1
	2	2	2
	3	3	3
	4	4	4
	5	5	5
	6	6	6
	7	7	7
	8	8	8
	9	9	9
	10	10	10
	11	11	11
	12	12	12
	13	13	13
	14	14	14
	15	15	15
	16	16	16
	17	17	17
	18	18	18
	19	19	19
	20	20	20
	21	21	21
	22	22	22
	23	23	23
	24	24	24

FRIDAY	SATURDAY	SUNDAY	MEMO
	0	0	
	1	1	
	2	2	
	3	3	
	4	4	
	5	5	
	6	6	
	7	7	
	8	8	
	9	9	
	10	10	
	11	11	
	12	12	
	13	13	
	14	14	
	15	15	
	16	16	
	17	17	
	18	18	
	19	19	
	20	20	
	21	21	
	22	22	
	23	23	
	24	24	

MONDAY	TUESDAY	WEDNESDAY	THURSDAY
0	0	0	
1	1	1	
2	2	2	
3	3	3	
4	4	4	
5	5	5	
6	6	6	
7	7	7	
8	8	8	
9	9	9	
10	10	0	
11	11	11	
12	12	12	
13	13	13	
14	14	14	
15	15	15	
16	16	16	
17	17	17	
18	18	18	
19	19	19	
20	20	20	
21	21	21	
22	22	22	
23	23	23	
24	24	24	

FRIDAY	SATURDAY	SUNDAY	MEMO
0	0		
1	1		
2	2		
3	3		
4	4		
5	5		
6	6		
7	7		
8	8		
9	9		
10	10		
11	11		
12	12		
13	13		
14	14		
15	15		
16	16		
17	17		
18	18		
19	19		
20	20		
21	21		
22	22		
23	23		
24	24		

MONDAY	TUESDAY	WEDNESDAY	THURSDAY
	0	0	0
	1	1	1
	2	2	2
	3	3	3
	4	4	4
	5	5	5
	6	6	6
	7	7	7
	8	8	8
	9	9	9
	10	10	10
	11	11	11
	12	12	12
	13	13	13
	14	14	14
	15	15	15
	16	16	16
	17	17	17
	18	18	18
	19	19	19
	20	20	20
	21	21	21
	22	22	22
	23	23	23
	24	24	24

月　　周

FRIDAY	SATURDAY	SUNDAY	MEMO
	0	0	
	1	1	
	2	2	
	3	3	
	4	4	
	5	5	
	6	6	
	7	7	
	8	8	
	9	9	
	10	10	
	11	11	
	12	12	
	13	13	
	14	14	
	15	15	
	16	16	
	17	17	
	18	18	
	19	19	
	20	20	
	21	21	
	22	22	
	23	23	
	24	24	

MONDAY	TUESDAY	WEDNESDAY	THURSDAY
0	0	0	
1	1	1	
2	2	2	
3	3	3	
4	4	4	
5	5	5	
6	6	6	
7	7	7	
8	8	8	
9	9	9	
10	10	10	
11	11	11	
12	12	12	
13	13	13	
14	14	14	
15	15	15	
16	16	16	
17	17	17	
18	18	18	
19	19	19	
20	20	20	
21	21	21	
22	22	22	
23	23	23	
24	24	24	

FRIDAY	SATURDAY	SUNDAY	MEMO
	0	0	
	1	1	
	2	2	
	3	3	
	4	4	
	5	5	
	6	6	
	7	7	
	8	8	
	9	9	
	10	10	
	11	11	
	12	12	
	13	13	
	14	14	
	15	15	
	16	16	
	17	17	
	18	18	
	19	19	
	20	20	
	21	21	
	22	22	
	23	23	
	24	24	

MONDAY	TUESDAY	WEDNESDAY	THURSDAY
0	0	0	
1	1	1	
2	2	2	
3	3	3	
4	4	4	
5	5	5	
6	6	6	
7	7	7	
8	8	8	
9	9	9	
10	10	10	
11	11	11	
12	12	12	
13	13	13	
14	14	14	
15	15	15	
16	16	16	
17	17	17	
18	18	18	
19	19	19	
20	20	20	
21	21	21	
22	22	22	
23	23	23	
24	24	24	

FRIDAY	SATURDAY	SUNDAY	MEMO
	0	0	
	1	1	
	2	2	
	3	3	
	4	4	
	5	5	
	6	6	
	7	7	
	8	8	
	9	9	
	10	10	
	11	11	
	12	12	
	13	13	
	14	14	
	15	15	
	16	16	
	17	17	
	18	18	
	19	19	
	20	20	
	21	21	
	22	22	
	23	23	
	24	24	

MONDAY	TUESDAY	WEDNESDAY	THURSDAY
0	0	0	
1	1	1	
2	2	2	
3	3	3	
4	4	4	
5	5	5	
6	6	6	
7	7	7	
8	8	8	
9	9	9	
10	10	10	
11	11	11	
12	12	12	
13	13	13	
14	14	14	
15	15	15	
16	16	16	
17	17	17	
18	18	18	
19	19	19	
20	20	20	
21	21	21	
22	22	22	
23	23	23	
24	24	24	

FRIDAY	SATURDAY	SUNDAY	MEMO
	0	0	
	1	1	
	2	2	
	3	3	
	4	4	
	5	5	
	6	6	
	7	7	
	8	8	
	9	9	
	10	10	
	11	11	
	12	12	
	13	13	
	14	14	
	15	15	
	16	16	
	17	17	
	18	18	
	19	19	
	20	20	
	21	21	
	22	22	
	23	23	
	24	24	

MONDAY	TUESDAY	WEDNESDAY	THURSDAY
	0	0	0
	1	1	1
	2	2	2
	3	3	3
	4	4	4
	5	5	5
	6	6	6
	7	7	7
	8	8	8
	9	9	9
	10	10	10
	11	11	11
	12	12	12
	13	13	13
	14	14	14
	15	15	15
	16	16	16
	17	17	17
	18	18	18
	19	19	19
	20	20	20
	21	21	21
	22	22	22
	23	23	23
	24	24	24

FRIDAY	SATURDAY	SUNDAY	MEMO
	0	0	
	1	1	
	2	2	
	3	3	
	4	4	
	5	5	
	6	6	
	7	7	
	8	8	
	9	9	
	10	10	
	11	11	
	12	12	
	13	13	
	14	14	
	15	15	
	16	16	
	17	17	
	18	18	
	19	19	
	20	20	
	21	21	
	22	22	
	23	23	
	24	24	

WEEKLY PLAN 周计划

MONDAY	TUESDAY	WEDNESDAY	THURSDAY
0	0	0	
1	1	1	
2	2	2	
3	3	3	
4	4	4	
5	5	5	
6	6	6	
7	7		
8	8	8	
9	9		
10	10	10	
11	11	11	
12	12	12	
13	13	13	
14	14	14	
15	15	15	
16	16	16	
17	17	17	
18	18	18	
19	19	19	
20	20	20	
21	21	21	
22	22	22	
23	23	23	
24	24	24	

FRIDAY	SATURDAY	SUNDAY	MEMO
	0	0	
	1	1	
	2	2	
	3	3	
	4	4	
	5	5	
	6	6	
	7	7	
	8	8	
	9	9	
	10	10	
	11	11	
	12	12	
	13	13	
	14	14	
	15	15	
	16	16	
	17	17	
	18	18	
	19	19	
	20	20	
	21	21	
	22	22	
	23	23	
	24	24	

WEEKLY PLAN 周计划

MONDAY	TUESDAY	WEDNESDAY	THURSDAY
0	0	0	
1	1	1	
2	2	2	
3	3	3	
4	4	4	
5	5	5	
6	6	6	
7	7	7	
8	8	8	
9	9	9	
10	10	10	
11	11	11	
12	12	12	
13	13	13	
14	14	14	
15	15	15	
16	16	16	
17	17	17	
18	18	18	
19	19	19	
20	20	20	
21	21	21	
22	22	22	
23	23	23	
24	24	24	

FRIDAY	SATURDAY	SUNDAY	MEMO
	0	0	
	1	1	
	2	2	
	3	3	
	4	4	
	5	5	
	6	6	
	7	7	
	8	8	
	9	9	
	11		
	12	12	
	13	13	
	14	14	
	15	15	
	16	16	
	17	17	
	18	18	
	19	19	
	20	20	
	21	21	
	22	22	
	23	23	
	24	24	

MONDAY	TUESDAY	WEDNESDAY	THURSDAY
	0	0	0
	1	1	1
	2	2	2
	3	3	3
	4	4	4
	5	5	5
	6	6	6
	7	7	7
	8	8	8
	9	9	9
		10	10
		11	11
	12	12	12
	13	13	13
	14	14	14
	15	15	15
	16	16	16
	17	17	17
	18	18	18
	19	19	19
	20	20	20
	21	21	21
	22	22	22
	23	23	23
	24	24	24

FRIDAY	SATURDAY	SUNDAY	MEMO
	0	0	
	1	1	
	2	2	
	3	3	
	4	4	
	5	5	
	6	6	
	7	7	
	8	8	
	9	9	
	10	10	
	11	11	
	12	12	
	13	13	
	14	14	
	15	15	
	16	16	
	17	17	
	18	18	
	19	19	
	20	20	
	21	21	
	22	22	
	23	23	
	24	24	

MONDAY	TUESDAY	WEDNESDAY	THURSDAY
0	0	0	
1	1	1	
2	2	2	
3	3	3	
4	4	4	
5	5	5	
6	6	6	
7	7	7	
8	8	8	
9	9	9	
10	10	10	
11	11	11	
12	12	12	
13	13	13	
14	14	14	
15	15	15	
16	16	16	
17	17	17	
18	18	18	
19	19	19	
20	20	20	
21	21	21	
22	22	22	
23	23	23	
24	24	24	

月　周

FRIDAY	SATURDAY	SUNDAY	MEMO
	0	0	
	1	1	
	2	2	
	3	3	
	4	4	
	5	5	
	6	6	
	7	7	
	8	8	
	9	9	
	10	10	
	11	11	
	12	12	
	13	13	
	14	14	
	15	15	
	16	16	
	17	17	
	18	18	
	19	19	
	20	20	
	21	21	
	22	22	
	23	23	
	24	24	

WEEKLY PLAN 周计划

MONDAY	TUESDAY	WEDNESDAY	THURSDAY
	0	0	0
	1	1	1
	2	2	2
	3	3	3
	4	4	4
	5	5	5
	6	6	6
	7	7	7
	8	8	8
	9	9	9
	10	10	10
	11	11	11
	12	12	12
	13	13	13
	14	14	14
	15	15	15
	16	16	16
	17	17	17
	18	18	18
	19	19	19
	20	20	20
	21	21	21
	22	22	22
	23	23	23
	24	24	24

FRIDAY	SATURDAY	SUNDAY	MEMO
	0	0	
	1	1	
	2	2	
	3	3	
	4	4	
	5	5	
	6	6	
	7	7	
	8	8	
	9	9	
	10	10	
	11	11	
	12	12	
	13	13	
	14	14	
	15	15	
	16	16	
	17	17	
	18	18	
	19	19	
	20	20	
	21	21	
	22	22	
	23	23	
	24	24	

MONDAY	TUESDAY	WEDNESDAY	THURSDAY
0	0	0	
1	1	1	
2	2	2	
3	3	3	
4	4	4	
5	5	5	
6	6	6	
7	7	7	
8	8	8	
9	9	9	
10	10	10	
11	11	11	
12	12	12	
13	13	13	
14	14	14	
15	15	15	
16	16	16	
17	17	17	
18	18	18	
19	19	19	
20	20	20	
21	21	21	
22	22	22	
23	23	23	
24	24	24	

FRIDAY	SATURDAY	SUNDAY	MEMO
	0	0	
	1	1	
	2	2	
	3	3	
	4	4	
	5	5	
	6	6	
	7	7	
	8	8	
	9	9	
	10	10	
	11	11	
	12	12	
	13	13	
	14	14	
	15	15	
	16	16	
	17	17	
	18	18	
	19	19	
	20	20	
	21	21	
	22	22	
	23	23	
	24	24	

MONDAY	TUESDAY	WEDNESDAY	THURSDAY
	0	0	0
	1	1	1
	2	2	2
	3	3	3
	4	4	4
	5	5	5
	6	6	6
	7	7	7
	8	8	8
	9	9	9
	10	10	10
	11	11	11
	12	12	12
	13	13	13
	14	14	14
	15	15	15
	16	16	16
	17	17	17
	18	18	18
	19	19	19
	20	20	20
	21	21	21
	22	22	22
	23	23	23
	24	24	24

FRIDAY	SATURDAY	SUNDAY	MEMO
	0	0	
	1	1	
	2	2	
	3	3	
	4	4	
	5	5	
	6	6	
	7	7	
	8	8	
	9	9	
	10	10	
	11	11	
	12	12	
	13	13	
	14	14	
	15	15	
	16	16	
	17	17	
	18	18	
	19	19	
	20	20	
	21	21	
	22	22	
	23	23	
	24	24	

MONDAY	TUESDAY	WEDNESDAY	THURSDAY
	0	0	0
	1	1	1
	2	2	2
	3	3	3
	4	4	4
	5	5	5
	6	6	6
	7	7	7
	8	8	8
	9	9	9
	10	10	10
	11	11	11
	12	12	12
	13	13	13
	14	14	14
	15	15	15
	16	16	16
	17	17	17
	18	18	18
	19	19	19
	20	20	20
	21	21	21
	22	22	22
	23	23	23
	24	24	24

FRIDAY	SATURDAY	SUNDAY	MEMO
	0	0	
	1	1	
	2	2	
	3	3	
	4	4	
	5	5	
	6	6	
	7	7	
	8	8	
	9	9	
	10	10	
	11	11	
	12	12	
	13	13	
	14	14	
	15	15	
	16	16	
	17	17	
	18	18	
	19	19	
	20	20	
	21	21	
	22	22	
	23	23	
	24	24	

MONDAY	TUESDAY	WEDNESDAY	THURSDAY
0	0	0	
1	1	1	
2	2	2	
3	3	3	
4	4	4	
5	5	5	
6	6	6	
7	7	7	
8	8	8	
9	9	9	
10	10	10	
11	11	11	
12	12	12	
13	13	13	
14	14	14	
15	15	15	
16	16	16	
17	17	17	
18	18	18	
19	19	19	
20	20	20	
21	21	21	
22	22	22	
23	23	23	
24	24	24	

FRIDAY	SATURDAY	SUNDAY	MEMO
	0	0	
	1	1	
	2	2	
	3	3	
	4	4	
	5	5	
	6	6	
	7	7	
	8	8	
	9	9	
	10	10	
	11	11	
	12	12	
	13	13	
	14	14	
	15	15	
	16	16	
	17	17	
	18	18	
	19	19	
	20	20	
	21	21	
	22	22	
	23	23	
	24	24	

MONDAY	TUESDAY	WEDNESDAY	THURSDAY
0	0	0	
1	1	1	
2	2	2	
3	3	3	
4	4	4	
5	5	5	
6	6	6	
7	7	7	
8	8	8	
9	9	9	
10	10	10	
11	11	11	
12	12	12	
13	13	13	
14	14	14	
15	15	15	
16	16	16	
17	17	17	
18	18	18	
19	19	19	
20	20	20	
21	21	21	
22	22	22	
23	23	23	
24	24	24	

FRIDAY	SATURDAY	SUNDAY	MEMO
	0	0	
	1	1	
	2	2	
	3	3	
	4	4	
	5	5	
	6	6	
	7	7	
	8	8	
	9	9	
	10	10	
	11	11	
	12	12	
	13	13	
	14	14	
	15	15	
	16	16	
	17	17	
	18	18	
	19	19	
	20	20	
	21	21	
	22	22	
	23	23	
	24	24	

MONDAY	TUESDAY	WEDNESDAY	THURSDAY
0	0	0	
1	1	1	
2	2	2	
3	3	3	
4	4	4	
5	5	5	
6	6	6	
7	7	7	
8	8	8	
9	9	9	
10	10	10	
11	11	11	
12	12	12	
13	13	13	
14	14	14	
15	15	15	
16	16	16	
17	17	17	
18	18	18	
19	19	19	
20	20	20	
21	21	21	
22	22	22	
23	23	23	
24	24	24	

FRIDAY	SATURDAY	SUNDAY	MEMO
	0	0	
	1	1	
	2	2	
	3	3	
	4	4	
	5	5	
	6	6	
	7	7	
	8	8	
	9	9	
	10	10	
	11	11	
	12	12	
	13	13	
	14	14	
	15	15	
	16	16	
	17	17	
	18	18	
	19	19	
	20	20	
	21	21	
	22	22	
	23	23	
	24	24	

MONDAY	TUESDAY	WEDNESDAY	THURSDAY
0	0	0	
1	1	1	
2	2	2	
3	3	3	
4	4	4	
5	5	5	
6	6	6	
7	7	7	
8	8	8	
9	9	9	
10	10	10	
11	11	11	
12	12	12	
13	13	13	
14	14	14	
15	15	15	
16	16	16	
17	17	17	
18	18	18	
19	19	19	
20	20	20	
21	21	21	
22	22	22	
23	23	23	
24	24	24	

FRIDAY	SATURDAY	SUNDAY	MEMO
	0	0	
	1	1	
	2	2	
	3	3	
	4	4	
	5	5	
	6	6	
	7	7	
	8	8	
	9	9	
	10	10	
	11	11	
	12	12	
	13	13	
	14	14	
	15	15	
	16	16	
	17	17	
	18	18	
	19	19	
	20	20	
	21	21	
	22	22	
	23	23	
	24	24	

MONDAY	TUESDAY	WEDNESDAY	THURSDAY
0	0	0	
1	1	1	
2	2	2	
3	3	3	
4	4	4	
5	5	5	
6	6	6	
7	7	7	
8	8	8	
9	9	9	
10	10	10	
11	11	11	
12	12	12	
13	13	13	
14	14	14	
15	15	15	
16	16	16	
17	17	17	
18	18	18	
19	19	19	
20	20	20	
21	21	21	
22	22	22	
23	23	23	
24	24	24	

FRIDAY	SATURDAY	SUNDAY	MEMO
	0	0	
	1	1	
	2	2	
	3	3	
	4	4	
	5	5	
	6	6	
	7	7	
	8	8	
	9	9	
	10	10	
	11	11	
	12	12	
	13	13	
	14	14	
	15	15	
	16	16	
	17	17	
	18	18	
	19	19	
	20	20	
	21	21	
	22	22	
	23	23	
	24	24	

WEEKLY PLAN 周计划

MONDAY	TUESDAY	WEDNESDAY	THURSDAY
0	0	0	
1	1	1	
2	2	2	
3	3	3	
4	4	4	
5	5	5	
6	6	6	
7	7	7	
8	8	8	
9	9	9	
10	10	10	
11	11	11	
12	12	12	
13	13	13	
14	14	14	
15	15	15	
16	16	16	
17	17	17	
18	18	18	
19	19	19	
20	20	20	
21	21	21	
22	22	22	
23	23	23	
24	24	24	

FRIDAY	SATURDAY	SUNDAY	MEMO
	0	0	
	1	1	
	2	2	
	3	3	
	4	4	
	5	5	
	6	6	
	7	7	
	8	8	
	9	9	
	10	10	
	11	11	
	12	12	
	13	13	
	14	14	
	15	15	
	16	16	
	17	17	
	18	18	
	19	19	
	20	20	
	21	21	
	22	22	
	23	23	
	24	24	

MONDAY	TUESDAY	WEDNESDAY	THURSDAY
0	0	0	
1	1	1	
2	2	2	
3	3	3	
4	4	4	
5	5	5	
6	6	6	
7	7	7	
8	8	8	
9	9	9	
10	10	10	
11	11	11	
12	12	12	
13	13	13	
14	14	14	
15	15	15	
16	16	16	
17	17	17	
18	18	18	
19	19	19	
20	20	20	
21	21	21	
22	22	22	
23	23	23	
24	24	24	

FRIDAY	SATURDAY	SUNDAY	MEMO
	0	0	
	1	1	
	2	2	
	3	3	
	4	4	
	5	5	
	6	6	
	7	7	
	8	8	
	9	9	
	10	10	
	11	11	
	12	12	
	13	13	
	14	14	
	15	15	
	16	16	
	17	17	
	18	18	
	19	19	
	20	20	
	21	21	
	22	22	
	23	23	
	24	24	

MONDAY	TUESDAY	WEDNESDAY	THURSDAY
0	0	0	
1	1	1	
2	2	2	
3	3	3	
4	4	4	
5	5	5	
6	6	6	
7	7	7	
8	8	8	
9	9	9	
10	10	10	
11	11	11	
12	12	12	
13	13	13	
14	14	14	
15	15	15	
16	16	16	
17	17	17	
18	18	18	
19	19	19	
20	20	20	
21	21	21	
22	22	22	
23	23	23	
24	24	24	

FRIDAY	SATURDAY	SUNDAY	MEMO
	0	0	
	1	1	
	2	2	
	3	3	
	4	4	
	5	5	
	6	6	
	7	7	
	8	8	
	9	9	
	10	10	
	11	11	
	12	12	
	13	13	
	14	14	
	15	15	
	16	16	
	17	17	
	18	18	
	19	19	
	20	20	
	21	21	
	22	22	
	23	23	
	24	24	

MONDAY	TUESDAY	WEDNESDAY	THURSDAY
	0	0	0
	1	1	1
	2	2	2
	3	3	3
	4	4	4
	5	5	5
	6	6	6
	7	7	7
	8	8	8
	9	9	9
	10	10	10
	11	11	11
	12	12	12
	13	13	13
	14	14	14
	15	15	15
	16	16	16
	17	17	17
	18	18	18
	19	19	19
	20	20	20
	21	21	21
	22	22	22
	23	23	23
	24	24	24

FRIDAY	SATURDAY	SUNDAY	MEMO
	0	0	
	1	1	
	2	2	
	3	3	
	4	4	
	5	5	
	6	6	
	7	7	
	8	8	
	9	9	
	10	10	
	11	11	
	12	12	
	13	13	
	14	14	
	15	15	
	16	16	
	17	17	
	18	18	
	19	19	
	20	20	
	21	21	
	22	22	
	23	23	
	24	24	

WEEKLY PLAN 周计划

MONDAY	TUESDAY	WEDNESDAY	THURSDAY
	0	0	0
	1	1	1
	2	2	2
	3	3	3
	4	4	4
	5	5	5
	6	6	6
	7	7	7
	8	8	8
	9	9	9
	10	10	10
	11	11	11
	12	12	12
	13	13	13
	14	14	14
	15	15	15
	16	16	16
	17	17	17
	18	18	18
	19	19	19
	20	20	20
	21	21	21
	22	22	22
	23	23	23
	24	24	24

FRIDAY	SATURDAY	SUNDAY	MEMO
	0	0	
	1	1	
	2	2	
	3	3	
	4	4	
	5	5	
	6	6	
	7	7	
	8	8	
	9	9	
	10	10	
	11	11	
	12	12	
	13	13	
	14	14	
	15	15	
	16	16	
	17	17	
	18	18	
	19	19	
	20	20	
	21	21	
	22	22	
	23	23	
	24	24	

WEEKLY PLAN 周计划

MONDAY	TUESDAY	WEDNESDAY	THURSDAY
0	0	0	
1	1	1	
2	2	2	
3	3	3	
4	4	4	
5	5	5	
6	6	6	
7	7	7	
8	8	8	
9	9	9	
10	10	10	
11	11	11	
12	12	12	
13	13	13	
14	14	14	
15	15	15	
16	16	16	
17	17	17	
18	18	18	
19	19	19	
20	20	20	
21	21	21	
22	22	22	
23	23	23	
24	24	24	

FRIDAY	SATURDAY	SUNDAY	MEMO
	0	0	
	1	1	
	2	2	
	3	3	
	4	4	
	5	5	
	6	6	
	7	7	
	8	8	
	9	9	
	10	10	
	11	11	
	12	12	
	13	13	
	14	14	
	15	15	
	16	16	
	17	17	
	18	18	
	19	19	
	20	20	
	21	21	
	22	22	
	23	23	
	24	24	

MONDAY	TUESDAY	WEDNESDAY	THURSDAY
	0	0	0
	1	1	1
	2	2	2
	3	3	3
	4	4	4
	5	5	5
	6	6	6
	7	7	7
	8	8	8
	9	9	9
	10	10	10
	11	11	11
	12	12	12
	13	13	13
	14	14	14
	15	15	15
	16	16	16
	17	17	17
	18	18	18
	19	19	19
	20	20	20
	21	21	21
	22	22	22
	23	23	23
	24	24	24

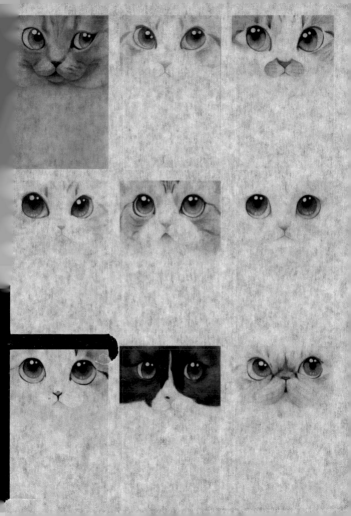

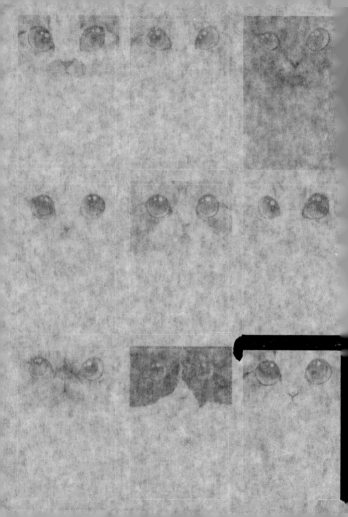

FRIDAY	SATURDAY	SUNDAY	MEMO
	0	0	
	1	1	
	2	2	
	3	3	
	4	4	
	5	5	
	6	6	
	7	7	
	8	8	
	9	9	
	10	10	
	11	11	
	12	12	
	13	13	
	14	14	
	15	15	
	16	16	
	17	17	
	18	18	
	19	19	
	20	20	
	21	21	
	22	22	
	23	23	
	24	24	

MONDAY	TUESDAY	WEDNESDAY	THURSDAY
0	0	0	
1	1	1	
2	2	2	
3	3	3	
4	4	4	
5	5	5	
6	6	6	
7	7	7	
8	8	8	
9	9	9	
10	10	10	
11	11	11	
12	12	12	
13	13	13	
14	14	14	
15	15	15	
16	16	16	
17	17	17	
18	18	18	
19	19	19	
20	20	20	
21	21	21	
22	22	22	
23	23	23	
24	24	24	

FRIDAY	SATURDAY	SUNDAY	MEMO
	0	0	
	1	1	
	2	2	
	3	3	
	4	4	
	5	5	
	6	6	
	7	7	
	8	8	
	9	9	
	10	10	
	11	11	
	12	12	
	13	13	
	14	14	
	15	15	
	16	16	
	17	17	
	18	18	
	19	19	
	20	20	
	21	21	
	22	22	
	23	23	
	24	24	

MONDAY	TUESDAY	WEDNESDAY	THURSDAY
0	0	0	
1	1	1	
2	2	2	
3	3	3	
4	4	4	
5	5	5	
6	6	6	
7	7	7	
8	8	8	
9	9	9	
10	10	10	
11	11	11	
12	12	12	
13	13	13	
14	14	14	
15	15	15	
16	16	16	
17	17	17	
18	18	18	
19	19	19	
20	20	20	
21	21	21	
22	22	22	
23	23	23	
24	24	24	

FRIDAY	SATURDAY	SUNDAY	MEMO
	0	0	
	1	1	
	2	2	
	3	3	
	4	4	
	5	5	
	6	6	
	7	7	
	8	8	
	9	9	
	10	10	
	11	11	
	12	12	
	13	13	
	14	14	
	15	15	
	16	16	
	17	17	
	18	18	
	19	19	
	20	20	
	21	21	
	22	22	
	23	23	
	24	24	

MONDAY	TUESDAY	WEDNESDAY	THURSDAY
0	0	0	
1	1	1	
2	2	2	
3	3	3	
4	4	4	
5	5	5	
6	6	6	
7	7	7	
8	8	8	
9	9	9	
10	10	10	
11	11	11	
12	12	12	
13	13	13	
14	14	14	
15	15	15	
16	16	16	
17	17	17	
18	18	18	
19	19	19	
20	20	20	
21	21	21	
22	22	22	
23	23	23	
24	24	24	

月　　周

FRIDAY	SATURDAY	SUNDAY	MEMO

SATURDAY	SUNDAY
0	0
1	1
2	2
3	3
4	4
5	5
6	6
7	7
8	8
9	9
10	10
11	11
12	12
13	13
14	14
15	15
16	16
17	17
18	18
19	19
20	20
21	21
22	22
23	23
24	24

MONDAY	TUESDAY	WEDNESDAY	THURSDAY
0	0	0	
1	1	1	
2	2	2	
3	3	3	
4	4	4	
5	5	5	
6	6	6	
7	7	7	
8	8	8	
9	9	9	
10	10	10	
11	11	11	
12	12	12	
13	13	13	
14	14	14	
15	15	15	
16	16	16	
17	17	17	
18	18	18	
19	19	19	
20	20	20	
21	21	21	
22	22	22	
23	23	23	
24	24	24	

FRIDAY	SATURDAY	SUNDAY	MEMO
	0	0	
	1	1	
	2	2	
	3	3	
	4	4	
	5	5	
	6	6	
	7	7	
	8	8	
	9	9	
	10	10	
	11	11	
	12	12	
	13	13	
	14	14	
	15	15	
	16	16	
	17	17	
	18	18	
	19	19	
	20	20	
	21	21	
	22	22	
	23	23	
	24	24	

MONDAY	TUESDAY	WEDNESDAY	THURSDAY
	0	0	0
	1	1	1
	2	2	2
	3	3	3
	4	4	4
	5	5	5
	6	6	6
	7	7	7
	8	8	8
	9	9	9
	10	10	10
	11	11	11
	12	12	12
	13	13	13
	14	14	14
	15	15	15
	16	16	16
	17	17	17
	18	18	18
	19	19	19
	20	20	20
	21	21	21
	22	22	22
	23	23	23
	24	24	24

FRIDAY	SATURDAY	SUNDAY	MEMO
	0	0	
	1	1	
	2	2	
	3	3	
	4	4	
	5	5	
	6	6	
	7	7	
	8	8	
	9	9	
	10	10	
	11	11	
	12	12	
	13	13	
	14	14	
	15	15	
	16	16	
	17	17	
	18	18	
	19	19	
	20	20	
	21	21	
	22	22	
	23	23	
	24	24	

WEEKLY PLAN 周计划

MONDAY	TUESDAY	WEDNESDAY	THURSDAY
	0	0	0
	1	1	1
	2	2	2
	3	3	3
	4	4	4
	5	5	5
	6	6	6
	7	7	7
	8	8	8
	9	9	9
	10	10	10
	11	11	11
	12	12	12
	13	13	13
	14	14	14
	15	15	15
	16	16	16
	17	17	17
	18	18	18
	19	19	19
	20	20	20
	21	21	21
	22	22	22
	23	23	23
	24	24	24

FRIDAY	SATURDAY	SUNDAY	MEMO
	0	0	
	1	1	
	2	2	
	3	3	
	4	4	
	5	5	
	6	6	
	19	19	
	20	20	
	21	21	
	22	22	
	23	23	
	24	24	

MONDAY	TUESDAY	WEDNESDAY	THURSDAY
	0	0	0
	1	1	1
	2	2	2
	3	3	3
	4	4	4
	5	5	5
	6	6	6
	19	19	19
	20	20	20
	21	21	21
	22	22	22
	23	23	23
	24	24	24

FRIDAY	SATURDAY	SUNDAY	MEMO
	0	0	
	1	1	
	2	2	
	3	3	
	4	4	
	5	5	
	6	6	
	7	7	
	8	8	
	9	9	
	10	10	
	11	11	
	12	12	
	13	13	
	14	14	
	15	15	
	16	16	
	17	17	
	18	18	
	19	19	
	20	20	
	21	21	
	22	22	
	23	23	
	24	24	

WEEKLY PLAN 周计划

MONDAY	TUESDAY	WEDNESDAY	THURSDAY
0	0	0	0
1	1	1	1
2	2	2	2
3	3	3	3
4	4	4	4
5	5	5	5
6	6	6	6
7	7	7	7
8	8	8	8
9	9	9	9
10	10	10	10
11	11	11	11
12	12	12	12
13	13	13	13
14	14	14	14
15	15	15	15
16	16	16	16
17	17	17	17
18	18	18	18
19	19	19	19
20	20	20	20
21	21	21	21
22	22	22	22
23	23	23	23
24	24	24	24

FRIDAY	SATURDAY	SUNDAY	MEMO
	0	0	
	1	1	
	2	2	
	3	3	
	4	4	
	5	5	
	6	6	
	7	7	
	8	8	
	9	9	
	10	10	
	11	11	
	12	12	
	13	13	
	14	14	
	15	15	
	16	16	
	17	17	
	18	18	
	19	19	
	20	20	
	21	21	
	22	22	
	23	23	
	24	24	

MONDAY	TUESDAY	WEDNESDAY	THURSDAY
	0	0	0
	1	1	1
	2	2	2
	3	3	3
	4	4	4
	5	5	5
	6	6	6
	7	7	7
	8	8	8
	9	9	9
	10	10	10
	11	11	11
	12	12	12
	13	13	13
	14	14	14
	15	15	15
	16	16	16
	17	17	17
	18	18	18
	19	19	19
	20	20	20
	21	21	21
	22	22	22
	23	23	23
	24	24	24

FRIDAY	SATURDAY	SUNDAY	MEMO
	0	0	
	1	1	
	2	2	
	3	3	
	4	4	
	5	5	
	6	6	
	7	7	
	8	8	
	9	9	
	10	10	
	11	11	
	12	12	
	13	13	
	14	14	
	15	15	
	16	16	
	17	17	
	18	18	
	19	19	
	20	20	
	21	21	
	22	22	
	23	23	
	24	24	

MONDAY	TUESDAY	WEDNESDAY	THURSDAY
0	0	0	
1	1	1	
2	2	2	
3	3	3	
4	4	4	
5	5	5	
6	6	6	
			17
19	19	19	
20	20	20	
21	21	21	
22	22	22	
23	23	23	
24	24	24	

FRIDAY	SATURDAY	SUNDAY	MEMO
	0	0	
	1	1	
	2	2	
	3	3	
	4	4	
	5	5	
	6	6	
	8	8	
	9	9	
	10	10	
	11	11	
	12	12	
	13	13	
	14	14	
	15	15	
	16	16	
	17	17	
	18	18	
19	19		
20	20		
21	21		
22	22		
23	23		
24	24		

MONDAY	TUESDAY	WEDNESDAY	THURSDAY
	0	0	0
	1	1	1
	2	2	2
	3	3	3
	4	4	4
	5	5	5
	6	6	6
	7	7	7
	8	8	8
	9	9	9
	10	10	10
	11	11	11
	12	12	12
	13	13	13
	14	14	14
	15	15	15
	16	16	16
	17	17	17
	18	18	18
	19	19	19
	20	20	20
	21	21	21
	22	22	22
	23	23	23
	24	24	24

FRIDAY	SATURDAY	SUNDAY	MEMO
	0	0	
	1	1	
	2	2	
	3	3	
	4	4	
	5	5	
	6	6	
	7	7	
	8	8	
	9	9	
	10	10	
	11	11	
	12	12	
	13	13	
	14	14	
	15	15	
	16	16	
	17	17	
	18	18	
	19	19	
	20	20	
	21	21	
	22	22	
	23	23	
	24	24	

图书在版编目（CIP）数据

猫咪的时间旅行 / 猫G著. —北京：电子工业出版社，2020.10
ISBN 978-7-121-39540-6

Ⅰ. ①猫⋯ Ⅱ. ①猫⋯ Ⅲ. ①本册 Ⅳ. ①TS951.5

中国版本图书馆CIP数据核字（2020）第173665号

责任编辑：周　林
印　　刷：河北迅捷佳彩印刷有限公司
装　　订：河北迅捷佳彩印刷有限公司
出版发行：电子工业出版社
　　　　　北京市海淀区万寿路173信箱　邮编　100036
开　　本：880×1230　1/64　印张：3.25　字数：26千字
版　　次：2020年10月第1版
印　　次：2020年11月第2次印刷
定　　价：78.00元

凡所购买电子工业出版社图书有缺损问题，请向购买书店调换。若书店售缺，请与本社发行部联系，联系及邮购电话：(010) 88254888，88258888。
质量投诉请发邮件至 zlts@phei.com.cn，盗版侵权举报请发邮件至 dbqq@phei.com.cn。
本书咨询联系方式：424710364(QQ)。